我是說在座的各位都是垃圾。

文書，
看完！

垃圾人 ──── 著
(trashman)

抱著累積經驗的心情工作
結果累積的只有一袋袋的垃圾案件

weiweistudio

想想有些人比我還垃圾，
我就放心了。

我真是鬼腦袋。

比起踩著別人往上爬
不如來當垃圾好朋友！

你看我的垃圾
髮帶！是不是
跟你的很像呀～

好巧
yo！

才報到第一天，
就吵著出來買手搖，
發你一張垃圾認同卡

—— PAM PAM の 垃圾靜思語 ——

看完這本書
整個人都好了

隔壁老王 ©18

祝你人生有三隻腳

弄到別人快受不了

恭喜垃圾人出書

爵爵&貓叔

作者序

我是垃圾人，我是社畜。

2019 年，因為上班壓力太大沒有發洩的出口，有一天想不開，創了一個粉專每天變裝成各式各樣的道具來罵老闆、罵同事、罵客戶、罵自己，一方面擔心哪天被我的老闆、同事逮到，一方面漸漸的有了你們的回應，想不到在地球上某個角落也有跟我一樣的垃圾人存在著，原來我們不孤單！抱著這樣的心情來到 2022 年。三歲的垃圾人，出了這本書與你一起留下紀念。不過不要擔心這不是作品集，裡面除了平常看到的垃圾人之外，更寫滿了我的怨念以及經驗。

曾經有人問我，垃圾人在網路上罵公司、罵老闆，同時抱持著奴性在社會上工作，不覺得很羞恥嗎？不會！身為垃圾人兼社畜我很驕傲，我盡全力賺到我應得的薪水，不需要把老闆殺了也沒對同事下毒，只要在網路上建立一塊同溫層就能讓自己的恨意得到發洩的出口。比起那些嘴巴上說自己不當社畜但其實畜到不行的人好多了，好嘛！

也曾經有人指責我，用激烈過分的言語來詛咒老闆、形容

同事，讓他心裡很不舒服……等等！是不是誤會了什麼？
看到這裡如果你也覺得有點不舒服，那請快點把書放回架
上，千萬不要繼續看下去，因為垃圾人從第一天到今天都
不會因為觀感或形象而改變，都還是原來的我唷～

從學生時代打工到真正進入社會，換過的工作不多。遇到
的鬼卻成山成堆，不知道該說是衰還是幸運（因為有他們才
有今天的垃圾人）。

我相信世界上不只有我會遇到這些讓人懼怕的職場蟑螂，
所以這本書希望可以讓要進入社會工作的你，或是已經在
大染缸染成屎色的你，引起一點點共鳴、對號入座，甚至
感到一點點療癒或是解開一點點疑惑，那就夠了。

千萬不要把它當成好笑可愛的圖文書來閱讀，社會不可愛
也不好笑，很殘忍ㄏㄏㄏ！

CHAPTER 1

職場百鬼圖

CHAPTER 2

厭世潛規則

CHAPTER 3

辦公同僚
禮儀社

CHAPTER 4

少年微畜の煩惱

CHAPTER 5

職涯
下下
籤

1
CHAPTER

佛系老闆

時間到了訂單就會來，時間到了貨款就會進來，時間到了計畫就會出來，時間到了活動就會變出來。隨便底下人亂七八糟不務正業，只要我的公司有進帳就一切心無罣礙。

你有沒有遇過這種老闆？從進公司第一天到離職大概只見過他不到五次，頂多每年的尾牙或是過年發開工紅包會現身，出現的時候總是帶著微笑不太說話，也不曾見過他生氣，不曾見過他罵人。好像就是一個職場「理想型」的存在。

曾經我也以為佛系老闆會造就出佛系職場，溫柔舒適甚至可以在這邊做到死掉那一天。結果總是事與願違，這種「理想型」老闆最可怕的缺點：不追究、不過問、不管事。不用費多大功夫就能養出底下那一堆「自我唱秋」的高階主管，絕對讓你上班累得半死、加班加得要死、下班煩得要死，更有可能被職場霸凌還找不到投訴窗口。

所以，只要遇到這樣的老闆，千萬不要高興得太早。

17

職場百鬼圖——

骨灰級元老

#骨灰級元老

每天按三餐情緒勒索，心情好給你摸頭（是真的摸頭），心情不好破口大罵你是不是有病。我爸媽都不會這樣對我，真的是心理有病要去看醫生啊！

在一家有年份的公司裡，比壞主管還難纏，比老屁股還地獄，那就是骨灰級元老。只要有他在的場合，一定會聽他重複說起千千萬萬遍，當年跟著老闆一起打拼創造這番事業的歷史故事，「想當年怎樣怎樣……如果沒有我怎樣怎樣……現在公司不會怎樣怎樣……」。

這類員工，通常都有一個特色：同事不敢動，主管叫不動，老闆很尊重。

這類員工，因為長時間不用工作，想法跟執行力也相當過時，卻又最喜歡不定時倚老賣老的開課教育我們這些「小朋友」。

這類員工，每過一天他就更資深一天，叫他骨灰級也不是沒道理，因為他就像一甕骨灰已經失去實際工作能力，路過的人還必須對他尊敬的拜一拜。

那個沒當上主管，卻把自己當成老闆的恐怖心態，真的很噁心！

19

職場百鬼圖 ——

薪水小偷

每天平均尿遁三小時，假日排班總家裡有事，半天抽掉一包菸，買個咖啡買半天。誰都不能阻擋我中午準時熱便當。

身為一個普通的上班族，一天有八小時在公司，八小時裡有一小時午休。然而對於薪水小偷而言，他的八小時裡，只有一小時在工作。聽起來是多麼幸福快樂的理想工作啊～但是，如果這種人就坐在你隔壁，跟你在相同的時間打卡，領一樣的薪水，拿一樣的獎金（可能比你高）。你還能替他感到幸福？靠！我佩服你！

千萬不要以為薪水小偷就是單純廢！那是需要一定專業的，只會坐在位子上滑手機放空那實在太膚淺了！一邊打電腦一副看起來很忙碌的樣子，一邊接電話一副很專業的樣子，近看才會發現電腦螢幕是臉書或是YOUTUBE甚至是NETFLIX（影集都看起來了），接起的電話可能連響都沒響過，電話那端也根本沒聲音，談話內容仔細想想根本沒重點。沒錯，薪水小偷不是隨便偷，也是要靠「演技」來偷的。

與其說羨慕嫉妒，我更想直接成為這樣的人。可惜天生臉皮沒有一定厚度，是沒有辦法勝任的。

21

職場百鬼圖——

奴性社畜

#奴性社畜

「生為公司人，死為公司魂」每一間辦公室裡一定會有這樣的角色，不管是資深或是資淺，任勞任怨，即使是不合理的要求、不正常的加班也願意無條件配合。社畜字面上看來就不是一個正面的單字，也剛好符合這類型的人。為了說不準的獎金，為了看不見的未來願景，在這間公司裡我願意當一隻任老闆差使的小畜牲。

株式會社中豢養的奴性極重的員工，每天沒有晚上十點不離開公司，早上七點不到又會在公司裡見到。為了完成任務，即使不會使用EXCEL、不懂語法公式，也甘願用原子筆在紙上畫出表格來按計算機。

奉獻人生一半以上的時間與大好青春，談不上功勞全都是苦勞，老闆要你休假上班還是得來，要你重作報告還是得做。聽起來很不合理很奴性吧！不要笑～當我們都在取笑社畜，喊著要離職但還在原地的我們，也都算是社畜的一種。

23

職場百鬼圖 ——

白目新鮮人

24

#白目新鮮人

讀了多年的書,當了幾個月的兵,好不容易終於給他進入職場成為新鮮人了。卻涉世未深不諳職場生態,不懂社會倫理,每天都在惹火一票同事。

「大家好我是ＸＸＸ,我的個性比較直接,請大家多多指教。」聽到這樣的自我介紹總是讓我背脊發涼,把「個性直接」、「不修邊幅」、「大辣辣」當成是說話不經大腦的各種形容,就是一種欺騙與罪過。連基本的閱讀空氣都不會,讓我不經懷疑這種人交不交到朋友?

你是否認為新人白目難免,是一種可以原諒青澀的可愛?那你一定沒有被白目摧毀的經驗。曾經聽一個在非常保守傳統產業辦公室上班的朋友說,某天公司來了一個新鮮人,第一天揭穿老闆與祕書的婚外情,第二天不小心幫隔壁同事公然出櫃,第三天因為說話太沒禮貌惹惱客戶,第四天閃電被離職。像蝗蟲過境一樣的他離開辦公室了,但留下一攤無法抹去的屎誰來收拾?

白目可大可小,可以讓人輕輕翻個白眼,也能讓人翻進棺材回不去了。

25

老屁股

捅了妻子就怪你怎麼沒提醒，出事先罵別人不「丁精」。老闆不在就當自己家，能躺則躺能混則混，絕不虧待自己就是老屁股。

印象中，我總是覺得老屁股就是偷懶不做事的象徵。經過多年職場經驗的洗禮，當自己也成為老屁股後才發現，原來這個「專業贅肉」是有工作能力的。稱不上是骨灰級元老，沒有風光歲月的故事能講，但論資歷也算是辦公室裡數一數二資深的。邀過的功比犯過的錯還要多，更

比誰都清楚老闆幾點進辦公室？幾點要開始裝忙？什麼時候可以乾脆趴著睡。

當然，老屁股是不欺負新人的，比起資歷中段班的員工，老屁股對新人根本看不上眼，甚至連名字都懶得記，最好人都別叫我帶，誰都不要來煩我就好。

最懂辦公室生存之道的族群，非老屁股莫屬。

27

職場百鬼圖 ——

油條上司

在下屬面前耍帥「有錯我扛、有禍我擔」，老闆面前「是是是！都是部屬的錯，老闆英明、老闆高明、老闆最聰明。」

我們不稱這種行為叫做狗腿，否則就污辱狗了！面對客戶、同事都一個樣，油腔滑調一張嘴走天下，一副我最謙卑、我最有禮貌的樣子，逢人就「XX哥」「〇〇姊」地叫。有事拜託的時候死纏爛打不放棄，沒事也愛耍耍嘴皮交關、交關，整個辦公室走透透沒人不認識他。

在老闆面前就不一樣了，用力的稱讚，用力的歌頌。老闆的髮根到皮鞋都是我學習成長的好典範，有老闆的帶領才有今天的我。不能否認這樣的存在雖然噁心但還是必要的，不油怎麼潤滑？老闆心情怎麼會好？提案怎麼容易過？

你看……越反胃的樣子，才是社會越喜歡的樣子。

29

職場百鬼圖——

推事下屬

請他做事耗掉我半條命，拜託他不如自己做。這不是我的工作範圍耶～他做這個比較在行耶～

「做事是一種努力，推事是一種恥力。」同一間辦公室總是有人比較忙，有人卻無敵閒。為什麼事情總是落在我頭上？因為人家不會做，人家沒學過，人家做不來，人家做不熟……理由千百種，就看你臉皮厚不厚。記得每次忙到吐血，回神才發現進入加班時間了。看看隔壁同事早已人去樓空。這時候你才明白，「懂推」才能讓人贏在起跑點。

別忘了！還有一種事後推。出包失誤馬上站出來澄清，這不是我做的，我只負責簽名而已。都是你們沒有提醒我，都是你們沒檢查。我絕對是清白的，絕對不是我的錯。

推事是一門學問，可以是高級的技術，也可以是低級的伎倆。

31

金魚腦窗口

#金魚腦窗口

負責的專案沒有一件事準時完成，會議總是能記錯時間，報告檔案總是損毀在他電腦裡，寄信總是忘記附件，雲端資料總是被他刪光光。

公司內部有廢物，就是家醜。對外窗口是腦殘，就會外揚。

一直以為窗口就是公司的門面擔當，第一線接觸客戶「窗口」，總是配給菜比八最嫩、最沒經驗的新人，讓他學、讓他碰壁，也順便讓公司形象一敗塗地。

在百轉千迴的職涯裡，也有過幾次被窗口洗禮的經驗。

有次，收到一封內文「非常精簡」的Mail，某間公司業務希望約見面深入詳談。涉世未深的我不疑有他爽快答應了。卻在當天約定時間苦等40分鐘不見人影，撥了好幾通電話也都無人回應，在我即將放棄以為是詐騙之際……一封簡訊傳來了！對！沒看錯！連LINE或來電都不是，是簡訊。如此隱晦低調又充滿鴕鳥心態的簡訊啊……文字中輕描淡寫說他記錯時間，希望改期（可能是簡訊字數有限，連道歉都省略了）。隨即我就把這場合作取消了，也為自己的大意向自己道歉了。

一朝被放鳥，十年怕腦殘。從此之後得了被害妄想，十分在乎來信的用字遣詞，甚至偷偷預設窗口的個性或是語氣、人設等等，搞得像是交友軟體，網友約見面一樣緊張。

現在想想能有這番轉變，要感謝那個腦殘窗口呢！

33

雞巴客戶

#雞巴客戶

速度快還要更快，價錢砍還要再砍，品質高還要更高，口氣差還要更差，老子出錢老子跩還要更跩。你不高興不要跟我們合作，有多少像你們這樣的廠商，排隊等著要為我們這個風風光光的高級客戶舔皮鞋？

如果說老闆像是個任性的孩子，想幹嘛就幹嘛。那客戶絕對就像是個無知的嬰兒（或青蛙）。不懂專業、不懂製程、不懂預算，只懂出錢是大爺的道理，天馬行空任他揮灑。早上定案請問下班前能完成嗎？預算不足請問可以半價嗎？我門外漢請問標題可以放到最大嗎？不懂專業請問可以隨便畫個 3D 嗎？

這個社會告訴我們，客戶無知不能怪他，他出錢所以不能糾正他，我們只能默默吞忍默默吐血，當作是對自己的磨練。

35

職場百鬼圖 ——

裝懂組員

#裝懂組員

開會的時候筆記狂寫，小組討論的時候狂發言，群組裡面狂補充重點。結果兩周之後呈現的報告還是跟兩周前一樣。到底改了什麼標點符號我沒注意到？

工作上可以遇到熱血認真的同事是一大好事，但熱血就是熱血，不能當飯吃，不能當錢領，看起來很懂而腦袋其實空空的人，原來才是大多數。尤其是筆記做了一大堆，但從來不翻、不看、不消化，充其量只是幫忙會議記錄而已。

另一種裝懂是活在自己的世界，熱烈討論一番發現他都猛點頭表示認可，偶爾插上一兩句「沒錯沒錯」、「我也這麼覺得」，討論過後所有的工作進度卻仍停在原地沒有進展，你才發現原來剛剛那些「你以為的討論」都是自己的一廂情願，他只負責炒熱氣氛，根本沒真的聽進去。

留洋同事

Aa
Asshole

Bb
Bitch

38

據說是國外名牌大學畢業，每月國外台灣來回飛，轉換跑道想來這裡「學」東西，洋洋得意的外表，骨子裡對工作職務一竅不通，就是個高級的傳聲筒。

除了說話時不時夾雜一兩句簡單的英文單字，深怕別人忘記他是沾過洋墨水的高級血統，更常常抱怨台灣與國外工作環境的差別，國外說有多先進就有多先進，台灣說有多落後就有多落後。堅持自己保有國外優良的工作態度，不入境隨俗，不和台灣敗壞的工作生態同流合污，別人的事就是別人的事，都不關我的事。殊不知一問之下，原來是只去了兩年打工度假農場 Working Holiday。

YOU 這麼適合國外，WHY 不 STAY 在國外就好。COME BACK 真是委屈你了。

39

職場百鬼圖——

八卦小團體

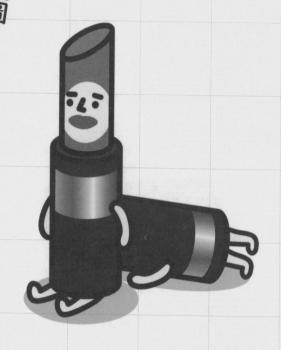

職場生命共同體，一起吃午餐一起去尿尿。我看他不爽你也必須一起不爽，為了反對而反對的反對黨，個人利益絕對優先，我們的事也是大家的事，別人的事都不是我們的事。

「那個XXX是不是跟老闆在交往。」、「你不覺得新來的人長得很醜嗎？」、「他的提案又過了，一定有收回扣吧？」

很多人說，公司不是學校，不要抱著來學習的心情來工作。但我說，公司就像學校，處處都要組小團體，不討厭人、不排擠人好像對不起自己。

主管好討厭，我們一起討厭他。新人好白痴，我們一起排擠他，什麼都要一起才合群。茶水間早就不是談論八卦的好地方，而是你就坐在我身旁，面無表情邊裝忙，用LINE狂講八卦才是好方法。

41

媽媽群組

團購窗口兼收發包裹，折扣券與民生用品找他就對了，工作有60分就好，跟媽媽關係混得好，職涯照顧不會少，有媽的孩子是個寶。

不管在什麼辦公室總會出現「媽媽級」的人物，志不在升遷，也不在調薪，把大家當孩子般照顧，但願孩子們都出人頭地，媽媽我就心滿意足了。家裡水果太多了切一點來跟大家分享，下午時間太嘴饞了，揪一些團購大家一起買。週末家族去風景區玩玩，每人一盒伴手禮也不為過。辦公室有這樣無時無刻的愛，讓我以為還在家裡沒出社會一樣。

別小看這些媽媽群組，工作也許不頂尖出色，但也及格不馬虎。事情總能做得飛快，為的就是下午打毛線剪折價券的時間。

邊緣人

不好意思請問你哪位?職場最與世無爭的存在(或不存在?),好事壞事都不沾鍋到令人羨慕的個體戶。

你有沒有過一種經驗,同事離職了好幾個月後才恍然大悟發現他沒來上班了。或是跟一個人討論公事老半天,怎麼樣都想不起來他叫什麼名字、他是誰?

剛出社會時一天到晚想被大家注意、想當老闆的焦點,希望老闆多注意我一點,薪水也許可以高一點,獎金也許可以多一點。在職場中打滾多年後的我,才知道被注意是一件多愚蠢的願望,薪水沒有變多,獎金沒有變高,從來沒有升遷,工作沒有減少。巴不得去買一件隱形斗篷,讓同事都不要發現我,老闆不要看到我,千萬不要跟我對到眼。事情能少則少,下班能早則早,甘願當一個辦公室邊緣人。

小時候總會取笑邊緣人沒存在感,長大才知道當一個邊緣人的美好。

45

體虛病貓

一個月8天休假，每週總會不定時的生病，在上班前突然「身體不適」，一下發燒、一下感冒、一下肚子痛、一下上吐下瀉的……到底不舒服的是生理還是心理，讓你不舒服的是病毒還是這份工作呢？

曾經在一份工作裡常常看不到隔壁同事的出現，有時候難得相見下午又生病了，卻不小心發現該員的IG限動，PO出了與閨蜜下午茶的獵奇發文，到底是膽子太大還是在回顧舊照？

好奇的我開始計算這個頻率，研究發現每週只需要上班三天，可以有效減少50%的工作量堆積，有效避開不必要的應酬，甚至有效博得同事關愛，進而減少搬重物引起胃食道逆流的機會（？）。

綜合以上研究的結論，體虛似乎是種先天優勢，值得開發學習。

實力派演員

有主管、老闆在的場合，總是能聽到他有朝氣有魄力的呼喚，好像生來就是為公司而賣命。當辦公室只剩下自己人，出頭的變縮頭，不問事、不管事、甚至不在辦公室。唯一能開啟他戲精戲骨的開關，就是老闆了。

一位主管朋友閒聊時告訴我，曾經交辦任務給一位資深員工，對方態度積極總說沒問題，一付他包在他身上最牢靠的樣子。結果這位主管因為離開辦公室後忘記帶文件而折返，才發現這天壽骨把工作推得一乾二淨，全分出去讓隔壁同事「幫忙」，一邊分配還一邊大聲靠北他自己有多忙，工作有多繁重。

要演，就要演得全面、演得到位，讓人抓不到辮子才叫真功夫。

49

沾醬油新人

#沾醬油新人

好不容易把塵封已久的空缺補上,就會特別期待這個新人的來到。也不知道是不是期待太了了,都會屢試不爽的遇到大雷包。尤其是沾醬油過水系的新人。

上班第一天就像來場勘,東看看西看看反正也幫不了什麼忙;第二天適應環境,第三天他媽的直接消失,你不高興好歹講一下嘛~上班好像是來看房子一樣,同事都還沒介紹,椅子都還沒坐熱就走啦?!

也不知道是年輕人流行還是怎樣?遇到一次就會有第二第三次,連續好幾次都是新人兩天內快閃消失,頻率高到會開始自我懷疑,是不是問題出在公司本身?(後來想想應該是)那更懷疑自己屹立不搖都沒走的原因是什麼?

51

出包專業戶

#出包專業戶

什麼不會？出包最會。交到他手上的工作沒有一項可以如期順利完成，不管再簡單、再無聊、再沒有挑戰性的工作，都可以讓他簡單複雜化，複雜地獄化。

這可不是隨便說說開玩笑的，我還真的遇過這種毀滅性的角色，什麼樣的職位都不適合他，什麼樣的任務都可以被他搞砸，小到文字校稿對的變錯的、影印都可以印錯面，大到跨部門溝通可以把一干人等半間公司的人都惹惱。

最地獄的是什麼？是他老大不知道自己出包了！覺得全世界都在針對他，覺得全公司都在霸凌他。哈囉！只有努力是不夠的，帶點智商來上班（或是不要來上班），我想世界會因你而更美好。

53

空話傳聲筒

「根據剛剛幾位同仁提到的想法我非常贊同，在這其中我也感受到非常強烈的感動，尤其是這個案子企劃方向與客戶商品之間的想法與連結，也讓我非常期待未來合作上有很不一樣的發展……」他說得煞有其事，你聽得津津有味，但仔細想想剛剛到底聽了什麼？

在苦海職涯裡我遇過無數擁有這種天賦的人，最可怕的不是跟他們溝通，而是與他們一起跟外部廠商開會。當輪到他要發表意見的時候，首先會聽見剛剛別人說過的重點被他「綜合引用」，接下來的十分鐘，就是滿頭問號陷入時空縫隙裡的時候了。

我倒認為這也算是一種才能，有些人可以把一句話擴充成十句話，甚至還沒辦解釋清楚，把別人的字尾重複一次就當作是自己的意見，塞滿一堆華麗辭藻但抓不到重點！連傳話都能傳到讓人摸不著頭緒。天啊只要想到我就覺得毛骨悚然！

55

2
CHAPTER

厭世潛規則

上班打卡制
下班責任制

老闆如果睡不著，凌晨三點傳LINE給你的時候就是上班的開始；下班還要幫老闆遛狗、繳水電費、替他兒子印講義，只差沒有住他家，打卡只是形式，奉獻人生才是真諦。

主管總是把「公司用薪水買下了你的時間」這樣的道德枷鎖拴在我們身上，你以為買下的只有上班時間，然而搞了半天當年那張錄取通知根本是你的賣身契。24小時全天候待命、電話不能漏接、訊息不能晚回，就連下班後的時間運用老闆都先幫你決定。早知如此，不如真的去賣身也許還能賺更多。(不鼓勵哈哈哈)

共體時艱

賺錢的時候我沒份，虧錢的時候要我擔。

公司有難出事時第一個想到你，當你有事想請假千萬不要找公司，百般刁難拖拖拉拉層層關卡逼得你有事變沒事，就連打個疫苗都能逼你先花掉珍貴的年假。

「現在時機不好，大家能有班上已經是福氣，多少人沒有班可以上，你們要珍惜啊！景氣不好不要強求薪水高，加薪明年再說，晉升明年再說。大家一起度過難關，之後一定不會虧待你們的！」

你以為咧！說得出這種話的老闆，通常在共體時艱後還會繼續艱，用力艱，無止盡艱。

我眼裡的能者多勞

不錯不錯,效率真高,
這一份報告試著
幫我調整一下!

老闆眼裡的能者多勞

不錯不錯,效率真高。
其他同事的工作,
都幫他們做一下吧!

能者多勞

「為什麼我的工作一件接著一件？為什麼隔壁同事總是比我早走？」我問。老闆總是鼓勵我：「因為你能力比較強」

「能者多勞」這四個字，絕對是職場上最變態、最經典的金句。因為做事效率高，所以比別人多三倍的工作；因為老闆喜歡你，所以各部門的雜事都拜託你「撈過界」。人資總是告訴我，因為時數與大家相同，雖然公司無法給你更高的薪水獎金，不過精神上的肯定是有的。幹你娘誰要這個？

從那天起，「裝死」成了我最重要的就業精神指標。

我不獨裁，我很開明的。
我想聽聽你們的意見！

你們的意見都說服不了我，
果然還是我的決定比較好。

官大學問大

你曾經想改變公司嗎？你有沒有發現，每次提出想法丟出提案，不管會議有多長、討論有多激烈，定案的方向永遠是那幾個，一年四季都長得一模一樣。

「你們要多點創意多點想法呀」誰不想創新，誰不想求新求變，無奈現實世界不像日劇演的那樣，小蝦米就是小蝦米，公司又不是你的，隨便啦～

「我真的不是官大學問大，是你們不像我一樣有創意呀！」

66

老闆說的
永遠都是對的

公司裡面有一群我都稱之為「狐獴」的團體（通常在公司有點階級份量的），會議不發言，左邊看看右邊看看，老齊聲唱「是是是」、「對對對」，重複老闆說過的話，營造一副「我也是這麼想」的歡樂氣氛。

我必須要說，上一題「官大學問大」不完全是老闆的錯，不能事事都怪老闆。是誰讓老闆覺得自己最厲害？是誰讓老闆自我膨脹？慣老闆的形成，首先要先問是誰慣壞的？

老鼠姓什麼?姓米啊!
因為米老鼠呀哈哈哈哈～

哈哈老闆你好好笑喔……
怎麼想的到啦～

哈哈哈哈
下次再講給你聽。

我在幹嘛?

會演是英雄

在這險惡的職場社會工作，免不了出賣靈魂（身體就不用了）。當出社會越久階級越高，出賣靈魂的趴數似乎也會等比的成長。老闆説的冷笑話，假日群發的長輩圖，身為社畜的你一旦接收到了，難道能冷處理嗎？

「收到」、「謝謝老闆分享」叮咚聲在群組此起彼落。對！大家都演起來了。你説幹嘛要演這麼足？當然！他老人家開心，大家工作就會順利。

如果你問我職場是什麼？我會毫不猶豫的説演員訓練班。

多做一點比別人多些經驗，
你以為是吃虧其實是占便宜。

少做一點比別人爽一點，
我沒吃虧還占到便宜。

吃虧就是占便宜

職場辦公室絕不是平等的，有些人就是可以爽爽的升官，有些人做牛做馬多年換不到加薪100塊。過去一份工作經驗裡，每次做了一大堆事情卻得不到平等的回饋，主管都會告訴我「吃虧就是占便宜～你以為你多做吃虧，但其實你得到老闆的注意，比別人有更大的加薪升官機會」。後來，我除了得到更多無止盡的工作機會之外，沒看到別的機會。

老闆總説，工作要抱著撈過界的精神，什麼東西都是要親自去做……做中學，學中做。哪間公司有這麼好的環境，學校要繳學費才能學到東西，公司倒過來還付你薪水。你看，你有吃虧嗎？還占到好多便宜呢！

當你認同這句話的時候，就是你價值觀崩毀，並準備好為公司奉獻到死了。

把握機會表現,辛苦一下
以後你會感謝我的。

輕鬆了吧?
還不好好謝謝我!

給你表現的舞台
你就要感謝我了

「工作很累嗎？做了很多工作其實很高興吧！」、「你看這個比你原本應徵的職務好玩多了吧？你一定也很喜歡吧！」

公司老闆指派的任務形形色色，有公事，想當然勢必也會有私事。讓我想到有年聖誕節，被老闆「邀請」去佈置他與朋友的聖誕派對，還規定要在沒人在的深夜才能佈置，堅持不外包廠商，全都要我親自手製作。於是乎忙到回家時都看見天空露出魚肚白，洗個澡馬上又接著上班，差點沒暴斃。

「給你舞台要把握住，機會不是人人有。今年做得很好啊，明年我們再來想新的。」他說。

這種公器私用的舞台，智障到無法更新履歷，請問我要感謝你什麼 ????????

這份公司,不談薪水,
是不是比別人更多經驗?

沒錯!

低薪的經驗!

薪水不重要
經驗才重要

給不起好薪水的公司，總是有一百種理由來呼攏員工。有什麼能比薪水還要重要呢？學習到寶貴的經驗？交到很多好朋友？拓展職場未來的人脈？加強自身的工作技能？

剛出社會的我的確常常被唬得一愣一愣，覺得公司給不起薪水一定是我不夠好，問題一定都出在我身上。直到進了公司才發現根本入了賊窟，只有基本薪資、沒啥福利可言、還要一天到晚幫公司代墊錢。直到多年後的某一天在公司廁所大便偷懶的時候，才突然一陣被雷打到的覺醒：「經驗？什麼經驗？沒有啊！」

工作就是為了薪水，下次要談什麼經不經驗的，錢先到位再說。

我不喜歡階級，
我喜歡跟大家打成一片。

老闆在跟你講話，為什麼不回話？
有沒有禮貌!!!!

輕鬆一點嘛
把我當朋友

要怪，就只能怪那些不負責任的電視節目吧！

曾經在一個社交場合和一位企業老闆打上招呼，他身後帶著的幾名員工，在我們面前不斷開玩笑講了一個接著一個的冷笑話。乍看這樣有趣的老闆的確讓人羨慕，但當你從員工難以控制管理的尷尬表情中，嗅到無限的無奈與不情願時，那些羨慕瞬間沒了，只剩下同情以及同情還有同情。

很多一把年紀或是傳統產業的老闆，總是覺得自己該像電視裡訪問新創公司的年輕老闆一樣有活力，和員工下屬打成一片，一起嬉鬧玩樂一起為同一個目標努力工作。開始刻意的改變自己的談吐作風、穿衣風格，甚至把辦公室佈置得四不像。然而江山易改本性難移，嘴上說大家輕鬆就好，卻在會議上情緒失控的飆罵，不禁讓人滿頭問號。

這次沒加薪沒關係,
好好幹!下次發給你多一點獎金。

這次獎金不高沒關係,
好好幹!下次輪到你加薪了。

努力會反映
在薪水上

「今年你很努力,我都有看到,未來一定會把你納入升遷的
人選考量,你的努力一定會得到實質的反映,公司每年都
調薪,進來這麼多年…你應該有感覺到吧?!」

每年的通膨都大於我的調薪,年末又到了畫大餅的時間,
會談千萬不要跟老闆掏心掏肺,能少給的他絕對不會多給,
提離職才真正有那微乎其微調薪的機會,努力不會反映在
薪水上,唯有跳槽的用力才會反映在薪水之上。

不要為工作而工作,
不只是為公司努力,是為了充實你自己。

我為高薪而工作,為獎金而努力,
不充實自己,只充實戶頭。

工作不為別人
是為未來打拼

若要比情緒勒索道德綁架，第一名是你老媽，第二名想必就是公司了。用無止盡看不見的未來畫大餅，現在多努力一點，以後飛黃騰達都是你自己的。安慰你職場霸凌、工作超時、責任制，都不是公司願意帶給你的，都是為了朝向自己未來成功道路上的一些青苔罷了（？）

「想當年我剛進公司的時候每天6點就到公司開會，晚上11點才回家，為這間公司盡心盡力，事必躬親，你們不肯辛苦一陣子，就會辛苦一輩子。」主管語重心長的告訴我。

於是他單身孤獨沒朋友到現在。

有功主管當
有事下屬扛

「管理者必要條件是,有福團隊共享、有難主管來擔」,某個公司主管這樣告訴我。

當天下午他的下屬出了一個大包,虧損好幾百萬元。當整個部門同事忙得焦頭爛額之時,只見他在位子上神態自若忙碌地敲著鍵盤,好像身在平行時空一般清閒。沒多久老闆進辦公室關心,這個「有難他來擔」的主管立刻從位子上跳起來迎接,並一邊大聲斥責出包的同事說:「我早就提醒過你了!你偏偏做了還不告訴我,我都不知情啊!」

而在一旁全程看著這場撇得一乾二淨之世紀卸責大戲的我,除了對他早上說過的話及下午的表現深感佩服之外,再也說不出第二句話。

在這個不是你死就是我亡的職場裡,千萬不要輕易相信什麼理想的雞湯文化。

我要離職！

看看公司的福利，
你去外面找不到第二家了。

對！找不到比這更爛的，
所以我才要離職！

這種獎金福利
外面找不到了

經營一間成功又賺錢的公司，自信是很必要的條件，但過度的自信，自信到蒙蔽了雙眼，蒙蔽到看不見外面的程度，真的也是刷新我三觀了。一天到晚把公司福利掛在嘴邊，要你記住公司的好，威脅你不可以輕易提離職。不斷貶低其他公司的薪資福利，來提升自己的優越感。結果上104查了一下，別人的薪水也沒比較低，福利也沒比較差。到底是這些公司騙人？還是104騙人？還是我的眼睛騙人？

「我們這間公司給的福利絕對比同業好，你們自己都知道！這種好公司哪裡找，看看你們，去年年終都拿到很高的獎金吧？」。

調薪？獎金？福利？你說的是哪一間公司？老闆肯定是誤會了什麼。

大家晚上都沒有事真可憐，
我陪大家吃吃飯吧！

我……我……

只有你一個人有事啊?很重要的事嗎?
有比我陪你吃飯還重要啊?

要有向心力
飯局應酬好

工作再多都有下班的時候，會議再長也有定案的時間，唯獨一件讓你推也推不掉、坐立難安、感到永無止盡，不知道何時才能了的「工作業務」，叫做「飯局」。

時間又來到下班時間，慣老闆突然走進我們的辦公區域，說道：「大家晚上都沒什麼事吧，一起去吃熱炒，我請客！」頓時都能感覺到氣氛的凝結，想回家的人不能回，想約會的人要取消，約好做指甲接睫毛又得要延期了。

是不是晚上都沒局，人緣如此差家庭沒溫暖，才要拖著員工天天取暖？哈囉？誰跟你沒事，我有事，我全家都有事。

3
CHAPTER

辦公同寮

禮艷

儀社寮

LINE 群組

LINE 的發明，逼死社畜。
LINE 公司可曾料到它會成為
老闆情緒勒索的上班工具？

星期五

星期六

星期日

團隊精神

一個團隊，有人無條件為組織奉獻，
也會有人先顧自己。

公司忙碌中……

A 君!
快點來幫忙大家!

1 2
3 4

恩……
不好意思,我也在忙。

快要午休了
我要微波便當耶!

晉升

升遷有很多方法，你可以努力上進，也可以努力變美麗。

辦公室氣息

每一間辦公室都有一種共同的味道，
不是文具跟冷氣的味道，是死亡的味道。

偶爾在辦公室養養盆栽
也是很愜意的事呢！

隔天

怎麼死掉了！

再養一盆吧！！

1 | 2

3 | 4

隔隔天

又死掉了！

我都有澆水啊！

我看你別養了！
是辦公室死亡氣息太濃了

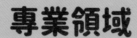

專業領域

總會讓你不小心找到
公司裡專業不專精大師,
專業門外漢,專業薪水小偷。

罵公司

到底公司都在養哪些廢物跟米蟲呢？

痾⋯⋯難道我⋯⋯

常常在想……到底為什麼
公司充滿一大堆笨蛋呢？

甚至開始懷疑
公司只找笨蛋來工作嗎？

正當我很想發文罵
罵公司的時候。

發現我也是
公司找來工作的一員。

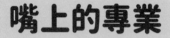

嘴上的專業

大學四年都白學了，有種專業比任何
技術都厲害，叫做「老闆嘴上的專業」。

開源節流

有錢人說的省錢，
跟你認知的省錢是不是不一樣？

頻率不同

主管有一種獨特的表達方法，
叫做管你懂不懂。

1 2
3 4

上班的煩惱

來公司最大的煩惱不是報告做不好，
也不是會議開不完，是午餐想不到！！！

排班

誰最關心你，公司最關心你。
誰最在乎你，沒人在乎你。

下個月要排班了～
有哪幾天要休假嗎?

我 1/17 ～ 2/1 要出國
所以要請假排休～

好的沒有問題!

幾天後

班表出來囉!

幹拎娘!

專屬廠商

公司最公正了，發包廠商秉公處理，
絕不公私不分，
很多事情只是剛好就是這麼巧。

工作商談

人資說工作有問題可以找他談談，
但我分不清楚是誰找誰談。

不好意思～～
工作上有點問題
想找你聊聊……

沒問題請進。

相談室

工作上好像被霸凌了……

原來是這樣！

1 | 2
3 | 4

不禁讓我回想起
我當初進公司的時候……

也是被欺負得很慘呢！
嗚嗚嗚……嗚嗚嗚……
嗚嗚嗚……

北七喔！

提早準備

工作很多要惜福。
先再辛苦一點都是為了以後輕鬆。

老闆～最近我的工作量，
好像有點太大了……

多做一點反正以後也是要做，
就當預先完成未來的工作吧！

那這次發薪水
連同下個月預先給我吧！

！！！

抽菸時間

隔壁同事不是去抽菸，
就是在抽菸的路上，
不是去大便，就是在大便的路上。

聽說 A 君上班時間
都一直出去抽菸呢!

你看你看他又出去抽菸了。

1　2

3　4

咦A君離職了嗎?
怎麼東西都不見了?

老闆把他的位子
移到抽菸區了!

開會

每天有三場小會一場大會，
來公司只開會不用做事就快下班了。

換個位子換腦袋

近朱者赤，近墨者黑，
近豬者笨，近老闆者廢。

每天調侃女同事
老闆簡直是豬哥!

那邊的妹妹～

1

對呀對呀!

我最討厭就是這種人了。

2

3

升遷表揚大會

謝謝公司給我升遷的機會,
以後我會效法老闆的精神。

4

那邊的妹妹～

可以再噁一點!

認知不同

你以為的簡單不是真正的簡單，
同事智商的簡單，
也不是三言兩語能訴説的簡單。

你又沒有講

同事不知道是不是剛退伍，
說一動做一動，難道沒叫他回家，
他會在公司過夜嗎？

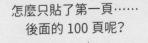

問題

有問題都可以提出來！
我是叫你提出來！又不是説要幫你解決。

4
CHAPTER

老闆來發紅包了
不去迎接他嗎?

不要煩我……

拜託讓我獨來獨往,
假笑搭腔有必要嗎?

老闆老闆我愛您！

老闆老闆最大方！

老闆老闆小雞雞！

社交真的有這麼重要嗎？如果想要加薪想要升官，當然重要，重要死了！別以為坐在位子上努力工作，老闆會看到你在自體發光，省省吧，公司是看才藝表演啦！笑得越燦爛拍手越大聲，滿足老闆的虛榮心，才是通往光明前景的唯一道路。

勇敢做自己不可以嗎?
到底該不該好聚好散?

謝謝大家的照顧，
我愛大家～有緣再相會。

再……再見……

離職也是一門學問，常有人說「人前留一線，日後好相見」，
就算再也見不到，千萬也要「留給人探聽」。大家都是出社會
賺錢的，就算想跟公司過不去，也千萬別跟人過不去……演了
好幾年善心人士的，有差這最後一哩路嗎？

人生不是只有工作，
卻把工作當成人生。

成就感是會上癮的，別把工作當成唯一的生活動力。「沒有這份工作不行」、「我一定要受到大家肯定」、「再多加一點班我就休息」。別把自己逼太緊了，公司不會同情你的，快抽身出來看看自己奉獻多少時間給公司了？千萬記得，一天工作賺錢8小時，是為了其他16小時的享受而努力的！

檯面下的互相較勁，
裝不在意越難隱藏。

辛苦?我一點都不辛苦啊～
就算我加班比你多～累得半死!
不像你有時間談戀愛出去玩……一定是你更辛苦才會升官
雖然不知道你在辛苦什麼?可能是我忙到都沒看見吧!
我一點都不在意……我真的一點都不在意……

小心了,跑步比賽不看終點只看旁邊的敵人,絕對會跌倒!我
們都是有血有肉有情緒的人,怎麼可能不比較、不嫉妒?不如
學著自傲一點點,隨時把自己當作第一名,自信滿點地做自己
該做的事,多一點放空吧!硬幹!忙到沒空跟別人較勁!

踩著別人屍體往上爬，
是我太壞太殘酷了嗎？

你看～
靠你也沒辦法爬沒多高啊！

升遷加薪怎麼運作，有人比較強，就會有人比較弱。努力賺錢努力想升遷，也是踩著別人往上爬嗎？這種鬼觀念常出現在弱者的思維裡，為什麼往上爬非得要踩別人？靠自己努力表現慢慢攀上去錯了嗎？沒本事爬不上去就別怪別人，碰瓷同事真是一大堆！要踩也要踩能力相當的，踩你這種爛貨我也上不去。

面對職場險惡勾心鬥角，
到底該黑化還是當清流？

入社會不用兩年，職場險惡保證能初體驗。被前輩陷害拖下水當炮灰，被新人衝康亂八卦。到底我該不該加入戰局？要！當然要！清流絕對死！並不是逼自己黑化，而是得要設定保護機制，學會察言觀色先發制人，甚至懂得適當反擊，讓人知道「我不是好惹的」就夠了！

143

請問公司的待遇?

快速升遷　薪資保證
不加班　固定排休　見紅休
獎金至少要三個月　還有三節獎金
交通補貼　餐費補貼……

應徵工作像交友軟體，
鬼遮眼被騙砲都是我。

笑死人……
什麼休假?什麼補貼?
有喪葬補助啦!你要嗎?

請問面試說好的
休假跟補貼呢?

面試的時候講的都跟實際不一樣?進公司後山盟海誓都化成灰?睜大眼睛找工作,自己的斤兩只有自己最清楚。除非你是家族企業,否則誰不想要錢多事少?不靠關係的話,社會上不會有便宜又大碗的爽缺!

多問問實際的公司組織架構或工作內容,多觀察面試官的態度,小房間裡畫的大餅,不要隨便相信哩!

主管怎麼都這麼煩人，
下屬怎麼都這麼冷漠。

別……別走嘛……
下班一起晚餐，
我請……客！

主管別貪心，下屬別踰矩，職場無友誼，最怕溝溝迪。少在那邊我好、你好、大家好，看多了也是煩。那不是冷漠，只是不想要有太多交集，這就是為什麼LINE裡總有個沒加主管的公司私群；主管們想完成工作、完成任務就忍痛切割吧！在自己的位子上好好待著別越界！

我跟你講啦！ 你這個很簡單，
這只是工作呀～
你就是自己那關過不去……

批判別人總能冷靜分析，
自己糾結全都聽不進去。

別人的感情問題安慰得頭頭是道，自己失戀就天崩地裂100天。觀察別人工作都能直接找到癥結，自己卻永遠糾結同一個問題……哎呀！這就是不甘心不想承認自己失敗了、做錯了。下次試試看不辯解、不找藉口，聽聽別人分析，聽聽別人指責自己，然後別討拍自己回去想想，認真面對自己。

說要離職卻離不開，
我到底在糾結什麼？

你們提離職了嗎？

還沒……

快了……

10個說要離職的人，有9個都離不開。有些人掛在嘴邊講久就無感了；有些人受困在舒適圈不敢離開；有些人壓根兒只是靠夭嘴一下。你呢？是因為害怕找不到工作嗎？怕薪水不夠嗎？適應新環境很累嗎？別想了，在還沒送出離職單之前，不要預設立場幻想外面世界的樣子。只問自己一句，「你快樂嗎？」就好了。

好朋友一輩子。

走～去同一家公司上班。

友誼的小船說翻就翻，
朋友同事不能尬作伙？

操你媽！
你管我怎麼做啊！

笑死人會不會工作，
絕交啦智障！！

朋友可以當同事嗎？好像也沒有不能，只不過有附加條件。這世界上沒有真正公私分明的人，也聽過不少因公私不分而翻船的慘案。下班後能拋下公事聚餐嗎？上班後能屏除私交工作嗎？關係很好但有必要非得一起共事嗎？能不能承擔這種關係變化，再決定吧！（總之我不能哈哈哈）

每天幫別人擦屁股，
想要拒絕都不行嗎？

同事每天都在搞事出包，我又不是消防隊每天都要我救火。
難道事情做得快就比較衰嗎？工作比較俐落就要擦屁股嗎？
屁股可以擦、忙可以幫，但是不要一天到晚收爛攤降低自己
的人格，偶爾裝死烙跑是在社會上絕對必要的技能，別人爛
是別人爛，天窗該炸開就讓它炸開，等著被罵就該讓他被罵，
老是有人幫忙，蠢包永遠學不乖。

雅玲努力 30 年,每天加班
為公司省下好幾億,年底要升副理。

恭喜恭喜……

升職加薪各憑本事?
到底靠美貌還實力?

麗娜來上班第 3 天,每天化妝站這就能美化環境,明天要升經理。

……　　……

啊～這題真是又現實又殘酷,老闆小三換新車買新包、老闆娘總是偏袒新來的小鮮肉,外貌協會讓人恨得牙癢癢。但我們得承認,追求美是人類的習性啊!即便我們,也會多瞄帥哥前輩一眼;幫美女新人按電梯。只是老闆主管們表達喜歡的方式更有POWER一點而已。

昔日的戰友變成主管，
我該怎麼面對這一切？

職場關係怎麼拿捏？昔日隔壁同事變主管，還能玩在一起嗎？
別傻了！快找個新朋友。嘴巴上說恭喜祝福他，心裡卻想著憑
什麼你可以管我，不是嗎？千萬不要眷戀過去的關係，帶著輕
浮僥倖的心態工作，以為會有特別待遇被包容，不行不行……
這種歪七扭八的心態更讓人想吐呢！

夢想可以當飯吃嗎?
只想追夢不可以嗎?

白痴才當圖文作家！

我……考慮考慮！

好餓……
我要追夢……

找工作總是想「學以致用」，甚至找到「夢幻職業」，若能燃燒熱血追求夢想就更好了。剛出社會大膽嘗試絕對支持，趁年輕熱血滾燙之時多方嘗試，摸索真正適合自己的工作。不過，熱血是有時效的，餐風露宿之前記得設定停損點，經濟有限之下別當一輩子的追夢人，追夢追夢～有力氣才能追呀！

161

5
CHAPTER

領不到40個月年終
至少有40年的房貸
以及卡債謝謝

垃圾人
(trashman)

工作忙老闆煩同事廢
你根本就是厄運籤王
換工作也一樣

垃圾人
(trashman)

 2021 年長榮海運的年終堪稱有 40 個月，
我年終四個月都沒有，負債到是一大堆⋯⋯

主管說話不清不楚
是要我去問碟仙？
碟仙碟仙救救我

垃圾人
(trashman)

休假不要奢求自然醒
自然老闆打來叫你醒
鈴鈴～鈴鈴～

垃圾人
(trashman)

以為畢業是夢想開始
錯！是職場惡夢降臨
恭喜從幸福生活畢業

垃圾人
(trashman)

怎樣！當我垃圾桶？
專收公司所有垃圾事
幹。

垃圾人
(trashman)

隨便打擾別人休假
會下十八層地獄喔
放連假去～掰

垃圾人
(trashman)

工作不用看實力
是看誰比較好命
幹嘛努力

垃圾人
(trashman)

好命的人上班都可以對著螢幕放空，
我還沒起床就接到老闆電話……

廢物當寶
人才當草

我草！

鬼門早就已經關了
老闆同事怎麼還在

誰來收拾一下

烤肉生火的那一瞬間
動了燒掉公司的念頭

真淘氣

投錯履歷入錯公司
上了賊船賠光人生

步步是危機

找工作就像玩危機一發，隨時會踩到地雷。
上班也像在玩危機一發，隨時被炸彈波及。

每天上班都在救火
公司乾脆燒掉算了

歸懶趴火

去你妹的向心力
職場只有向薪力

給錢好辦事

老闆叫我要有企業認同叫我不能領加班費,
我來賺錢認同你幹嘛?你怎麼不先認同我的錢包?

老闆就像強國網民
今天讚你明天乳滑

EQ真差

垃圾人
(trashman)

跟笨蛋工作絕對完蛋
拜託這些混蛋快滾蛋

操你媽的蛋

垃圾人
(trashman)

厲害了我老闆!

公司盛產軟爛的同事
就像當季過熟的芒果

幹你娘臭酸

垃圾人
(trashman)

我們都是公司的棋子
同事是卒仔我是炮灰

好棋好棋

垃圾人
(trashman)

直率不代表可以機歪
態度惡劣又句句帶刺

你仙人掌賦

垃圾人
(trashman)

同事工作像演恐怖片
越冒險的事就越要做

根本欠殺

垃圾人
(trashman)

 嘴賤的人都很愛說「我說話比較直接啦」、
「我沒有別的意思」,操!你就是有這個意思啊,幹!

員工的肝都是黑的
老闆的心也是黑的
來比誰最黑啊!

垃圾人
(trashman)

公司是一片險惡大海
離職才是你唯一生路
想活命就快逃

垃圾人
(trashman)

都看到這裡了你到底是離職了沒?

身為高官無能又無良
真好奇你如何上位的
管你是主管老闆市長特首

垃圾人
(trashman)

主管比強力膠還黏人
連假四天訊息不間斷
有放跟沒放一樣

垃圾人
(trashman)

職位越高智商越低,
越有權利越沒良心。

今天不把辭呈遞出去
明天遞出的就是訃聞

解脫の喜喪

垃圾人
(trashman)

爛工作就像抽鬼牌
巴不得趕快給別人

嘿嘿～見鬼啦

垃圾人
(trashman)

有沒有一個時刻是你覺得「再做下去就要死掉了?」，
有我有，無時無刻。

老闆說要把公司當情人
我只想直接申請保護令

恐怖情人

垃圾人
(trashman)

佛經心經聖經可蘭經
都難敵蠢老闆發神經

歡喜做 甘願受

垃圾人
(trashman)

蠢蛋覺得自己沒有錯，覺得自己比誰都厲害。
發起神經來三天三夜都平息不了，我看我出家念經比較實在。

辦公室兩大謊言，如果你聽過更多可怕謊言，請來粉絲團留言告訴我。

跟你說話像對牛彈琴
你是聽不懂還聽不見
請帶耳朵來上班

垃圾人
(trashman)

讓我提神的不是咖啡
是撲殺笨同事的意志
我愛我的工作

垃圾人
(trashman)

講一百遍就是聽不懂就是自顧自的工作，
到底是不帶耳朵還是不帶腦？

你的大便大不乾淨
全都積在腦袋裡面
積一輩子

垃圾人
(trashman)

工作沒績效還猛加班
擺明來騙工時的廢渣
不要懷疑就是你

垃圾人
(trashman)

這我真的是不懂，加班半天沒做什麼事。
到底加班是在吃火鍋還是怎樣啦？

笨同事依然沒有長進
腦袋裡面果然裝漿糊

爛成一團

垃圾人
(trashman)

蠢蛋同事就像是蟑螂
消滅不掉還越來越多

你這個蟑螂東西

垃圾人
(trashman)

本草綱目有記載
腦殘白目沒藥醫

同事全絕症

垃圾人
(trashman)

開口講話沒一句中聽
嘴巴那麼臭是吃屎嗎

快點去刷牙

垃圾人
(trashman)

如果哪天同事的笨是可以醫治的,
我出錢!我出錢!

怎麼會有狗在吠？
原來是同事在說話

坐下乖乖

一進公司全身不舒服
原來是白漆的味道啊

同事真白漆

什麼鬼事都要來問我
以為我靈媒還是仙姑

幫你觀落陰？

你這種秒忘的記憶力
吃光世上銀杏也沒救

吃屎卡緊

 下次不要再跟新人說「有問題都可以問喔」，
根本是自己挖坑給自己跳！

同事工作的積極程度
總比不上請假的速度
屬害了

垃圾人
(trashman)

同事智商有夠貧瘠
全都給我去吃大便
吃飽一點

垃圾人
(trashman)

 打一張申請單的速度，
永遠比寫一張假單慢一百倍。

拎阿嬤卡賀有夠衰小
星期六還要看到八七
87分你最高分

垃圾人
(trashman)

什麼人講什麼話
難怪你專講廢話
廢物一個

垃圾人
(trashman)

同事週一請假的機率
比被車撞的機率還高

怎麼還活著？

垃圾人
(trashman)

真當拎北防爆小組
整天拆你的未爆彈

BOOM！屍骨無存

垃圾人
(trashman)

 星期一真容易身體不適。
怎麼星期五就身體舒適？

廢物同事是顆大膿包
一堆爛攤永遠清不完

又臭又爛

垃圾人
(trashman)

沒用的同事在辦公室
只是大型垃圾般存在

浪費空間

垃圾人
(trashman)

 清完之後隔天還會再有新的膿跑出來！

連假結束不是收心
是要去辦公室收妖

開工遇到鬼

垃圾人
(trashman)

廢物同事整天沒產值
你他媽的腦袋停電膩

欠電嗎?

垃圾人
(trashman)

新人工作像在沾醬油
隨便做做不爽就離職

真是羨慕(?

垃圾人
(trashman)

同事腦袋就像蛋塔
外殼堅硬內餡軟爛

一摔就爛

垃圾人
(trashman)

我是不是污辱蛋塔了?←

把牛牽到北京還是牛
笨蛋過試用期還是笨
始終如一

垃圾人
(trashman)

想立刻買機票去泰國
下你們這群蠢豬降頭
天靈靈地咚咚

垃圾人
(trashman)

這輩子動過千千萬萬次下蠱同事的念頭，
都是業障!都是小人!!!

人生路已夠坎坷難行
還有一堆蠢豬當障礙
死路一條

垃圾人
(trashman)

笨蛋同事就像分隔島
阻擋在我跟下班之間
此路不通

垃圾人
(trashman)

不讓我下班的是笨同事，
不讓我下班的是爛公司!

死腦筋竟還想要加薪
是想笑掉人家大牙嗎

加班啦你

垃圾人
(trashman)

你我一樣的耳朵構造
為什麼你聽不懂人話

人體の奧妙

垃圾人
(trashman)

難道你耳朵是裝好看的?
豬耳朵都比你有用多了!

你我一樣的嘴巴構造
為何你講話沒頭沒尾

供殺小啦

垃圾人
(trashman)

職場升官路上的絆腳石
除了豬隊友還是豬隊友

哎呦!

垃圾人
(trashman)

水星逆行國師能幫你
智商逆行沒人能救你

問天問地問唐綺陽

工作沒效率也不積極
遲交擺爛倒是第一名

拍拍手放煙火

別再推給水逆了，
逆的是你的豬腦袋啊！

姻緣不是天注定
全靠長相跟財力

攏七夕

世上最幸福的人就是
那些無憂無慮的笨蛋

不知死活

上班做事沒那麼勤快
決定午餐倒是很積極
公司請你來吃飯？

工作沒一件事情做好
你乾脆滾回家喝奶啦
長大再來上班

世界上最堅硬的東西
不是鑽石是你那張嘴
再狡辯阿你！

我看你腦袋空空眼神空
當自己空靈系員工阿
叩叩叩

「不是我做的啊……」、「喔我因為我覺得……」
職場理由伯 4ni？

你是不是一顆大蕃薯
每天不做事滿嘴屁話
噴噴噴噴噴

出包要我救火之前
應該先救救你腦袋
拒當職場救火隊

舉頭三尺有神明，
小人給我下地獄！
快點快點

小心職場充滿危險
同事最愛落井下石
落石注意！

還以為辦公室處處是溫情嗎？
會在背後捅刀的就是陪你尿尿的那個啦！

每週一同事記憶都Reset
大腦設定到底出啥問題？

腦容量64mb

垃圾人
(trashman)

豬的肝只能夠煮來吃
我的肝只會長血管瘤

嗚嗚嗚嗚

垃圾人
(trashman)

謝謝老闆讓我的肝多采多姿！

不想工作立志當花瓶
可惜太醜只能當痰盂

認命吧呸呸呸

拼死拼活地付出一切
最後也不會有人感謝

錢也沒賺到

垃圾人
(trashman)

因為地球只有一個
你的存在就是浪費

空氣糧食空間都被你佔據

垃圾人
(trashman)

看韓劇都哭不出來嗎
試著打開存摺看看吧

你的薪水最催淚

垃圾人
(trashman)

來我們一起打開網路銀行,
挑戰 10 秒鐘掉眼淚吧!

別人穿得漂亮能賺錢
我都做到吐血卻很窮

阮欵性命不值錢

垃圾人
(trashman)

假日讓錢包失血過多
上班讓體力失血過多

人生真兩難

垃圾人
(trashman)

超時工作是種磨練
加班沒錢是我自願

謝謝老闆給我機會

垃圾人
(trashman)

小心青春的賞味期限
餿掉之後豬也不吃你

隔餐勿用

垃圾人
(trashman)

有錢能使鬼推磨
沒錢會被鬼抓走

月底啊啊啊啊啊啊

你的工作爆肝又傷腦
就算週休五日都不夠

福馬林乾杯啦！

垃圾人
(trashman)

而且你以為週休真的有休嗎？
那你就太單純了！

鹹魚翻身還是鹹魚
牛牽到北京還是牛
你就是爛

吞噬你的快樂與健康
工作就像是無底黑洞
啊啊啊啊啊啊啊啊

垃圾人
(trashman)

什麼是快樂?什麼是休假?
再說一次我聽不懂……

被迫上班薪水卻沒漲
颱風來襲菜價都漲了
時薪買不起蔥

垃圾人
(trashman)

現在只想隨波逐流
剛出社會滿懷理想
我沒有想法我沒有意見都可以隨便你覺得好就好不錯啊

垃圾人
(trashman)

有沒有水逆都無所謂
反正人生從來沒順過
罵髒話最順

有錢當然要炫富
莫等沒錢才裝逼
我就炫

身體過勞精神過勞
升遷不動薪水不動
勞動劫無誤

加班熬夜隨時在工作
不用裝病已渾身病痛
社畜病無藥醫

健康檢查紅字有多少?
代表你有多愛這份工作!

520沒有人愛你
只有加班最適合你

1314都加班

垃圾人
(trashman)

要怎麼收穫先怎麼栽
我這麼努力卻這麼窮

騙肖耶

垃圾人
(trashman)

會打給你這社畜的
除了催繳就是信貸

鈴鈴鈴拎娘啦

垃圾人
(trashman)

職場是青春的亂葬崗
屍橫遍野還屍骨未寒

我好恨啊

垃圾人
(trashman)

本月信用卡又要繳最低了嗎？
這破薪水讓我連晚餐都要貸款了嗎？

別人上班是跳往國際
為何我只想跳往樓下
全場跳起來

再怎樣都沒辦法抹滅
你是一個笨蛋的事實
生來就是污點

垃圾人
(trashman)

把這份工作當成跳板，
跳往十八層地獄的跳板。

1111就是嘲笑你
東西買不起沒人愛你
哈哈哈哈哈哈哈哈哈哈哈哈哈哈哈哈哈哈哈哈

再怎麼保暖依舊好冷
到底是天冷還是心冷
攔覺不見了

垃圾人
(trashman)

垃圾人
(trashman)

恭喜你看到最後一篇了，
心冷嗎?那就對了，社會就是這麼冷。

後記

我是垃圾人，我還是社畜。

最後，謝謝你浪費人生的幾個小時幾分鐘看完這本書（反正除了看這本書之外你也是在浪費人生）。希望你在其中已經獲得一點點共鳴，甚至有一點點收穫，看完我想告訴你的職場醜陋、社會現實面。畢竟就像前面我說好多次的，現實生活不像日劇，不會有推翻體制改變社會征服地球的一天，我們終其一生都在尋找最舒適的蘿蔔坑，希望讀完本書的你，可以開開心心找到在辦公室生存的訣竅，當個自己喜歡的樣子最好了。

人生的形狀到底該捏成什麼樣子？說得冠冕堂皇一點，的確是自己決定的。別拿別人的成就來挫折自己。也不需要拿自己的標準來貶低別人。有自信有本事，對工作生活不滿意就快點改變吧！不爬出來就別說是泥沼困住你！

世界很大，看看就好，要闖不闖隨便你。
社會很小，努力就好，要幹不幹在於你。

社畜同胞們！一起加油！掰掰！

打了漂亮的蝴蝶結

垃圾終究還是垃圾

就像你

Graphic times 33
我是說在座的各位都是垃圾（句點。）

作者	垃圾人 TRASHMAN
社長	張瑩瑩
總編輯	蔡麗真
封面設計	垃圾人 TRASHMAN
美術設計	TODAY STUDIO
責任編輯	莊麗娜
行銷企畫經理	林麗紅
行銷企畫	蔡逸萱、李映柔
出版	野人文化股份有限公司
發行	遠足文化事業股份有限公司
	地址：231 新北市新店區民權路108-2號9樓
	電話：(02)2218-1417
	傳真：(02)86671065
	電子信箱：service@bookreP.com.tw
	網址：www.bookreP.com.tw
	郵撥帳號：19504465 遠足文化事業股份有限公司
	客服專線：0800-221-029

讀書共和國出版集團

社長	郭重興	法律顧問	華洋法律事務所 蘇文生律師
發行人兼出版總監	曾大福	印製	凱林彩色印刷股份有限公司
業務平臺總經理	李雪麗	初版	2022 年 2 月 23 日
業務平臺副總經理	李復民		978-986-384-636-9（一般版）
實體通路協理	林詩富		978-986-384-679-6（作者親簽版）
網路暨海外通路協理	張鑫峰		978-986-384-641-3（PDF）
特販通路協理	陳綺瑩		978-986-384-642-0（EPUB）
印務	黃禮賢、林文義		

有著作權·侵害必究
歡迎團體訂購，另有優惠，請洽業務部 (02)2218-1417
分機 1124、1135

國家圖書館出版品預行編目 (CIP) 資料

我是說在座的各位都是垃圾（句點。）/ 垃圾人著. -- 初版. -- 新北市：野人文化股份有限公司出版：遠足文化事業股份有限公司發行，2022.02　192面；12.8×14.8公分. -- (Graphic times；33)　ISBN 978-986-384-636-9（平裝）　1.職場 2.職場成功法

494.35　　　　　　　　　　　　　　　　　　　　　　　　　　　　　110020174